LA GENÉTICA DE LAS PLANTAS

ESCRITO POR KEN CAMERON
ADAPTADO POR DELZA PEREIRA

Tabla de contenido

¡Cuántas plantas distintas!

¿Has notado alguna vez cuántos tipos de plantas hay en el mundo? Algunas crecen hasta ser altos árboles. Otras se arrastran sobre el suelo. Algunas son espinosas. Otras son suaves. Algunas viven poco tiempo. Otras viven cientos de años. Algunas son venenosas y otras son comestibles.

¿Por qué hay tantos tipos de plantas? La respuesta a esta pregunta puede encontrarse dentro de los tallos, raíces, hojas y flores de cada planta. Si cortas el tallo o una hoja de una planta y los miras al microscopio, verás que el tallo y la hoja están formados por cientos de pequeñísimos compartimentos cuadrados. Estos compartimentos son las **células.**

plantas de cojín

← arbusto tropical

cacto ↓

El núcleo es como el cerebro o el centro de control de la célula.

Dentro de cada una de esas células microscópicas hay una estructura aun más pequeña, en forma de pelota, llamada **núcleo**. El núcleo es como el cerebro o el centro de control de la célula. Contiene todas las instrucciones que le indican a la planta cómo debe crecer, de qué color debe ser, la altura que debe tener, y cuál debe ser su sabor. Las instrucciones que contiene el núcleo también determinan si la planta será venenosa o comestible.

célula de la punta de una raíz de cebolla

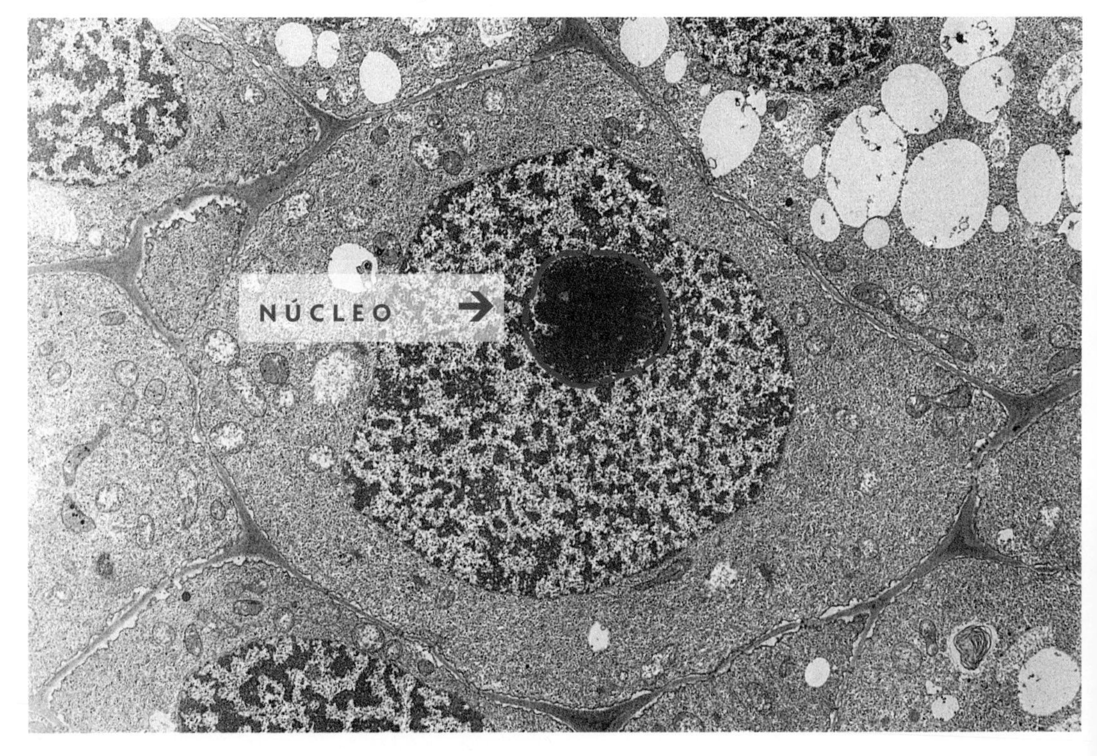

Cuando una semilla comienza a germinar, ya "sabe" exactamente qué tipo de planta va a ser. Lleva un conjunto especial de instrucciones dentro del núcleo de cada una de sus células. Todas las plantas que son iguales tienen el mismo conjunto de instrucciones. El nombre científico de este conjunto de instrucciones es **genes**. El estudio de los genes de las plantas se llama **genética** de las plantas. Los científicos que estudian la genética se llaman genetistas.

Este plantón, o planta joven, contiene todos los genes necesarios para llegar a ser una planta adulta de frijol.

La historia de los primeros agricultores

Hace miles de años, la gente no cultivaba en granjas. Obtenían sus alimentos por medio de la caza de animales salvajes y la recolección de plantas silvestres.

Una de las plantas que recolectaban era un tipo de hierba silvestre. Juntaban sus pequeñas semillas y las molían hasta obtener una harina con la que hacían pan. Esta hierba silvestre era el **antepasado** de lo que hoy llamamos trigo.

PREGUNTA: ¿Qué cambiaría en tu vida si todos los días tuvieras que salir a buscar comida en lugar de abrir la puerta del refrigerador?

Esta pintura representa una escena de agricultores egipcios sembrando semillas.

Los científicos creen que, en cierto momento, a alguien se le ocurrió la idea de guardar algunas semillas del trigo silvestre y ponerlas en la tierra. Esa persona fue el primer agricultor del mundo. De esas semillas crecieron más plantas. Ahora, las personas ya no tenían que recorrer los campos buscando las semillas para hacer el pan. Podían hacer que las plantas crecieran donde quisieran. Así comenzó la **agricultura**.

Después de miles de años de seleccionar, o escoger, las semillas más grandes, los agricultores terminaron plantando lo que hoy conocemos como trigo.

Los científicos también creen que, en algún momento, un agricultor descubrió que algunas de las plantas producían semillas más grandes que las otras. Las semillas de mayor tamaño eran mejores, porque se necesitaba menos cantidad de semillas grandes que de pequeñas para hacer la misma cantidad de harina. Los agricultores comenzaron a escoger las semillas más grandes para plantarlas. Entonces, comenzaron a crecer más plantas de semillas grandes. Las instrucciones para producir semillas grandes estaban en el núcleo de cada célula de esas plantas.

LECCIÓN DE HISTORIA

La agricultura tuvo sus comienzos en una región del Medio Oriente cercana a los ríos Tigris y Éufrates. A esta región hoy se le llama "la Medialuna Fértil". Allí se han encontrado granos de trigo que se calcula tienen más de 10,000 años de antigüedad.

La zona verde del mapa es conocida como la Medialuna Fértil.

¡PIÉNSALO!

Cuando pensamos en el trigo, generalmente lo asociamos con el pan.

Haz una lista de otras comidas que contengan trigo.

A medida que los antiguos agricultores plantaban cada año más y más de esas semillas grandes, fueron notando que algunas de las plantas producían semillas incluso más grandes que las anteriores. La mayoría de las semillas se usaban para hacer harina, pero las más grandes se guardaban para plantarlas. Después de miles de años de seleccionar, o escoger, las semillas más grandes, los agricultores terminaron plantando lo que hoy conocemos como trigo. El trigo salió simplemente de un pasto común.

Tras miles de años de escoger las plantas de maíz silvestre que tenían las semillas o granos más grandes, aparecieron las mazorcas de maíz que hoy comemos.

Los antiguos agricultores no lo sabían, pero cada año escogían las plantas silvestres que tenían los mejores genes, los que llevaban las instrucciones para producir las semillas más grandes. Aunque no lo sabían estaban aplicando la ciencia de la genética de las plantas.

Muchas otras plantas que se cultivan hoy día han sido seleccionadas de la misma manera a partir de plantas silvestres comunes. Por ejemplo, ¿alguna vez encontraste y probaste fresas silvestres? Son mucho más pequeñas que las fresas de cultivo. ¿Cómo crees que cambiaron las fresas, de las pequeñas fresas silvestres de los bosques a las grandes que compras en el supermercado?

fresas silvestres

fresas de cultivo

¿Te sorprendería saber que el maíz también es un tipo de hierba? Hace miles de años se cultivaba en América del Sur. Sus semillas se llaman granos. En las hierbas silvestres de maíz crecían muy pocos granos. Después de miles de años de seleccionar las hierbas de maíz que producían los granos de mayor tamaño se llegó al maíz y a las mazorcas que comemos hoy en día.

Las plantas de maíz de hoy día producen granos y mazorcas mucho más grandes que las de maíz silvestre.

Aquí tienes otros ejemplos de cómo la genética de las plantas ha modificado los alimentos que comemos hoy día. ¿Sabías que la col, el brócoli, la coliflor y las coles de Bruselas provienen todos de la misma planta silvestre? Para crear una col, los agricultores seleccionaron las plantas en las que crecía un gran brote en el centro. Para llegar a las coles de Bruselas, seleccionaron las plantas que producían muchos brotes pequeños a lo largo del tallo. La coliflor es simplemente una variedad de brócoli que no tiene el color verde. Sus genes apenas varían.

↑ coles de Bruselas

↓ coliflor

← brócoli

La ciencia de la genética de las plantas

Durante mucho tiempo, la gente siguió seleccionando las semillas de aquellas plantas de la naturaleza que producían los mejores alimentos en sus granjas y las flores más bellas en sus jardines. Aún no sabían que lo que realmente estaban haciendo era seleccionar las plantas con los mejores genes.

También descubrieron que podían crear nuevos tipos de plantas **cruzando** unos tipos de plantas con otros. Las flores de las plantas tienen especial importancia en este proceso.

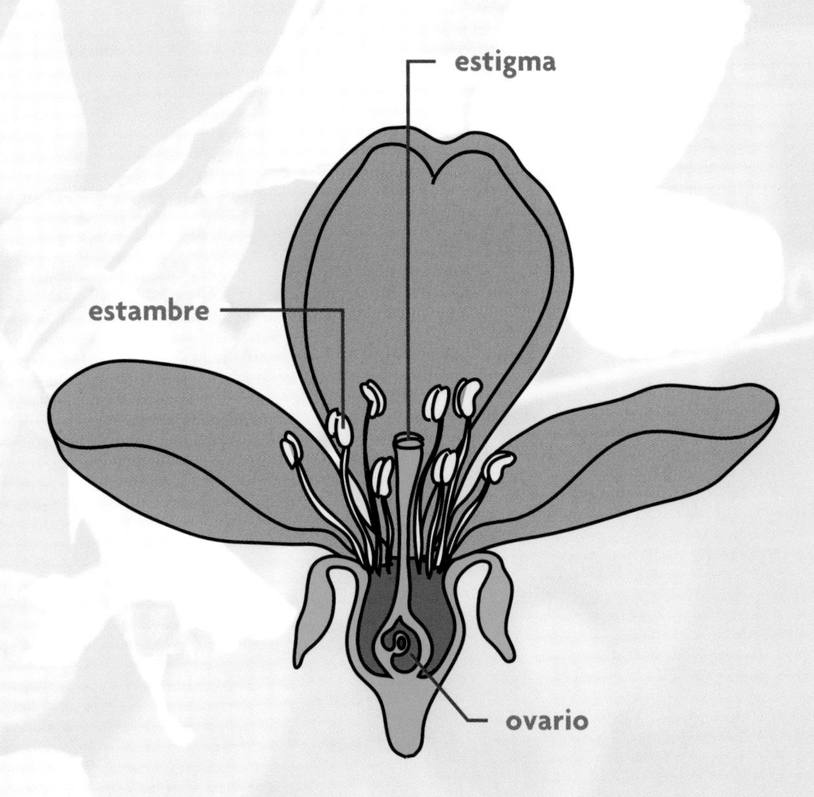

Una planta que resulta al cruzar otras dos se llama híbrido.

Para cruzar dos tipos de plantas, se toma un poco del polvo amarillo, llamado **polen**, de los **estambres** de la flor de una planta y se deposita sobre el verde y pegajoso **estigma** de una flor de la otra planta. Semanas después, en el **ovario** de la flor que recibió el polen se desarrollarán las semillas. Cuando estas semillas germinen y las plantitas crezcan, la planta nueva será una mezcla de las dos plantas originales. La nueva planta tendrá algunos genes de una de las plantas y otros de la otra. Una planta que resulta al cruzar otras dos se llama **híbrido**. Dos ejemplos de frutas híbridas son loganberry y boysenberry.

Loganberry es un cruce entre la zarzamora y la frambuesa. →

Boysenberry es un cruce entre la zarzamora y el loganberry. →

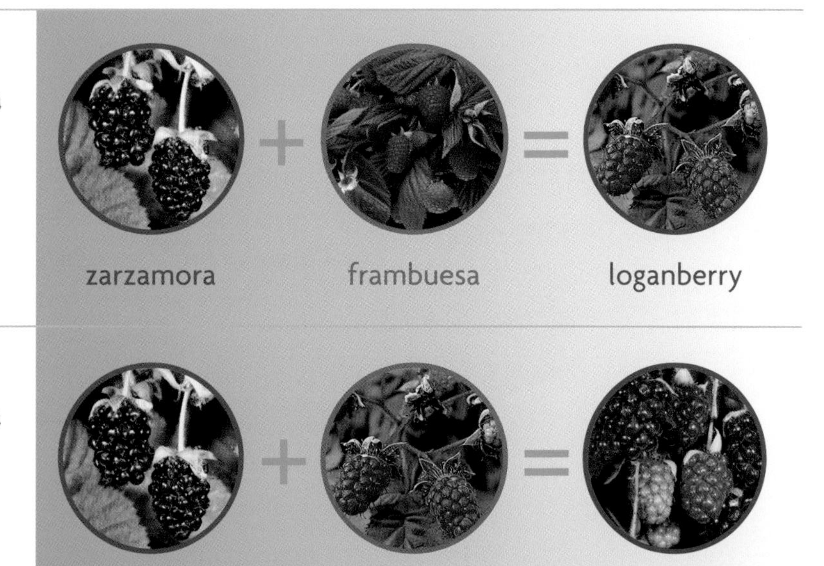

¿Alguna vez probaste un tangelo? Es un cruce entre la mandarina y el pomelo. A mucha gente le gusta el sabor dulce de las tangerinas o mandarinas, pero son frutas pequeñas. Los pomelos, o toronjas, son más grandes, pero no muy dulces. Al cruzar el pomelo con la mandarina se logró un híbrido que tiene el buen tamaño del pomelo y el dulce sabor de la mandarina.

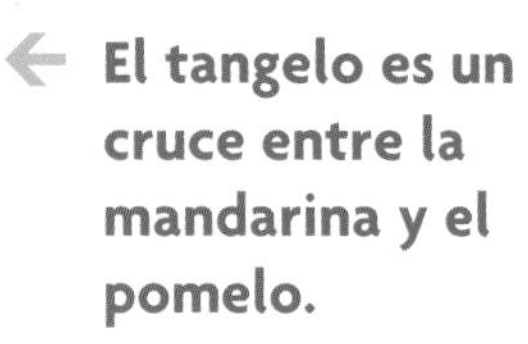

El tangelo es un cruce entre la mandarina y el pomelo.

Pérfil de una planta

NOMBRE COMÚN: Tomate

NOMBRE CIENTÍFICO: Licopersicon esculentum

PAÍS DE ORIGEN: Perú

DATOS DE INTERÉS: Cuando los europeos vieron un tomate por primera vez en 1544, no quisieron comerlo porque creyeron que la roja fruta era venenosa. Ahora los tomates se comen en casi todos los países del mundo.

Algunos híbridos, como el tangelo, son maravillosos porque reúnen en una misma fruta los mejores genes de dos plantas diferentes. Pero otros híbridos no resultaron tan maravillosos.

Por ejemplo, los agricultores intentaron una vez obtener un híbrido cruzando la papa y el tomate. Las papas se desarrollan bajo tierra, los tomates crecen sobre la superficie de la tierra.

Los agricultores querían obtener una planta que produjera papas bajo la tierra y tomates en la superficie. Pero, en lugar de eso, el híbrido que consiguieron, llamado "papamate", desarrolló raíces de tomate bajo tierra y tallos de papa en la superficie. No produjo papas ni tomates. El híbrido adquirió los peores genes de las dos plantas.

El híbrido "papamate" fue un fracaso genético.

Gregor Mendel fue la primera persona en experimentar con el cruce de plantas. Mendel era un monje a quien le gustaba mucho la jardinería. Se preguntaba por qué algunas plantas de guisantes eran altas y otras bajas, y decidió hacer un experimento. Aunque no se consideraba a sí mismo un científico, en la práctica actuó como si lo fuera. Hizo sus experimentos con mucho cuidado y tomó nota de todas sus observaciones. Dejó registrados todos sus resultados con precisión.

Gregor Mendel nació en Austria en 1822. →

planta de guisante →

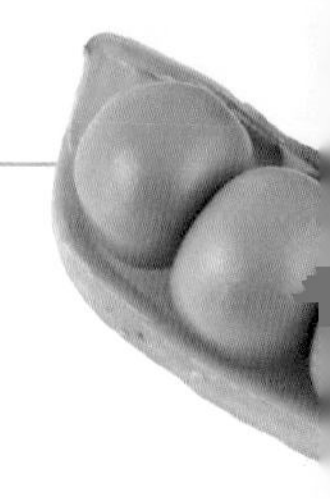

Mendel descubrió que si se cruza una planta de guisante alta con una planta baja, de las nuevas semillas saldrán plantas altas.

¿Sabías que los guisantes que hoy comemos son las semillas del guisante de jardín?

Mendel comenzó haciendo experimentos de cuatro pasos y luego los repitió muchas veces. Primero cruzó las plantas altas y las bajas. Unas semanas después recogió las semillas de las plantas. Tercero, plantó las nuevas semillas. Cuarto, anotó la altura de las nuevas plantas.

Mendel descubrió que si se cruza una planta de guisante alta con una baja, de las nuevas semillas saldrán plantas altas. Pero, si en un segundo experimento cruzó las nuevas plantas altas entre ellas, algunas semillas dieron plantas bajas.

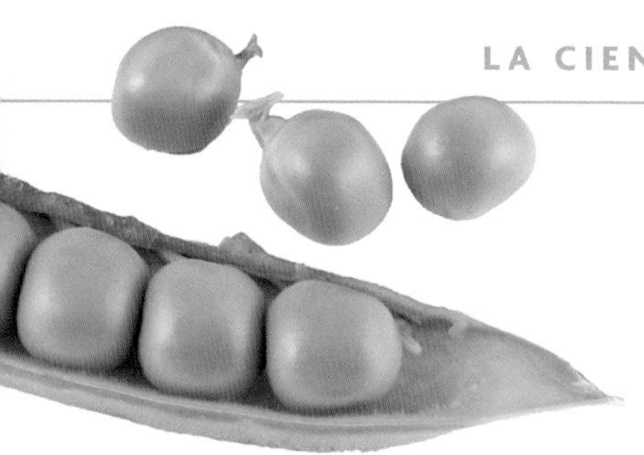

Para entender por qué sucedía eso necesitas saber que, para cada característica de una planta, ya sea la altura o el color, hay dos genes. También debes saber que algunos genes son más fuertes que otros. Por ejemplo, en las plantas de guisantes, el gen que determina que sean altas es más fuerte que el que determina que sean bajas. A los genes más fuertes se les llama genes **dominantes** y a los más débiles, genes **recesivos**.

Si una planta de guisante tiene dos genes altos, por supuesto la planta será alta. Si tiene un gen alto y uno bajo, igual será alta, porque el alto es dominante. Para que una planta de guisante sea baja, debe tener dos genes bajos. Si cruzas una planta alta con una baja, todas las plantas que obtengas tendrán un gen alto y uno bajo, pero las plantas serán todas altas.

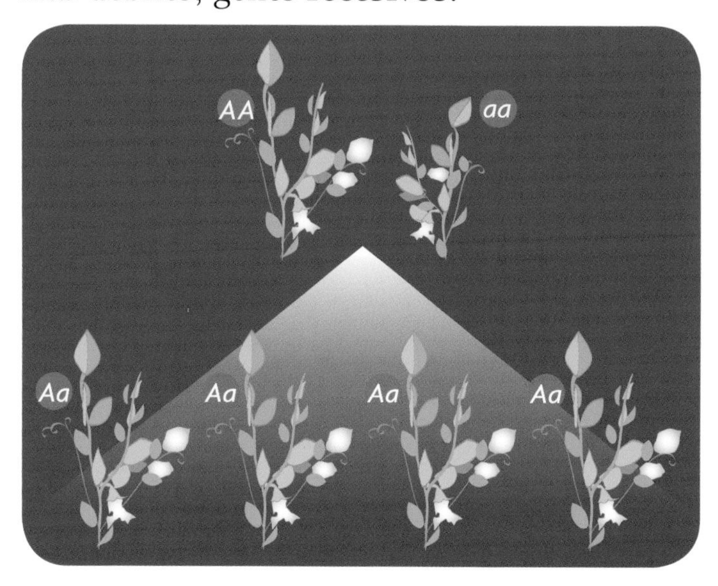

En este diagrama, la planta que tiene dos genes altos está marcada "AA"; la que tiene uno alto y uno bajo se llama "Aa"; y la que tiene dos bajos se llama "aa". (Se usa una "A" mayúscula para indicar que el gen alto es dominante, y una "a" minúscula para mostrar que el bajo es recesivo.)

Supongamos que tienes dos plantas altas de guisantes. Cada una tiene un gen alto y uno bajo. Cruzas las dos plantas y siembras cuatro de las semillas que obtienes. Lo más probable es que de éstas salga una planta que tenga los dos genes altos, dos plantas que tengan un gen alto y uno bajo y una planta que tenga los dos genes bajos. Todas las plantas serán altas excepto la que tiene los dos genes bajos. Esa planta será baja.

Al cruzar dos plantas de guisantes que tienen un gen alto y uno bajo se producen cuatro combinaciones posibles.

Mendel anotó cuidadosamente todo lo que hizo en sus experimentos con las plantas de guisante de jardín. Más adelante, en 1865, escribió un libro titulado *Experimentos en hibridación de plantas*. Este fue el primer libro escrito sobre genética de plantas.

Hasta después de la muerte de Mendel, muy pocas personas habían leído su libro. Hasta entonces no fue famoso. Hoy se le reconoce como el Padre de la Genética.

El jardín de Gregor Mendel en la antigua Checoslovaquia

La importancia de ADN

Los experimentos de Mendel fueron un primer paso muy importante para entender la genética de las plantas, pero los científicos aún se hacían muchas preguntas. Por ejemplo, ¿de qué están hechos los genes?

Hoy día sabemos que los genes están formados por **ADN**. Quizás hayas escuchado hablar del ADN, pero no entiendas qué es o por qué es tan importante. En la década de 1940, los científicos descubrieron que el ADN es una sustancia química, pero no fue hasta 1953 que dos científicos que trabajaban en Inglaterra, James Watson y Francis Crick, descubrieron la verdadera estructura del ADN. La sigla ADN significa ácido desoxirribonucleico.

James Watson (izquierda) y Francis Crick (derecha) compartieron con otro científico, Maurice Wilkins, el Premio Nobel de Medicina en 1962.

Watson y Crick descubrieron la forma del ADN y cómo funciona. Para hacerte una idea de su forma, imagínate una escalera con sus escalones enroscados en forma de una doble espiral. Esta figura se llama "doble hélice". Los lados de la escalera son **moléculas** de azúcar fosfato. Los escalones son pares de bases débilmente unidos. Los nombres de las cuatro bases se abrevian con las letras A, T, C y G.

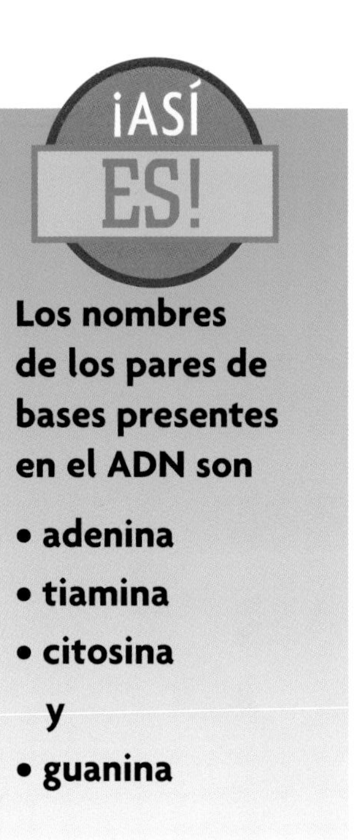

Los nombres de los pares de bases presentes en el ADN son

- **adenina**
- **tiamina**
- **citosina**

  y
- **guanina**

Éste es el aspecto de una cadena de ADN.

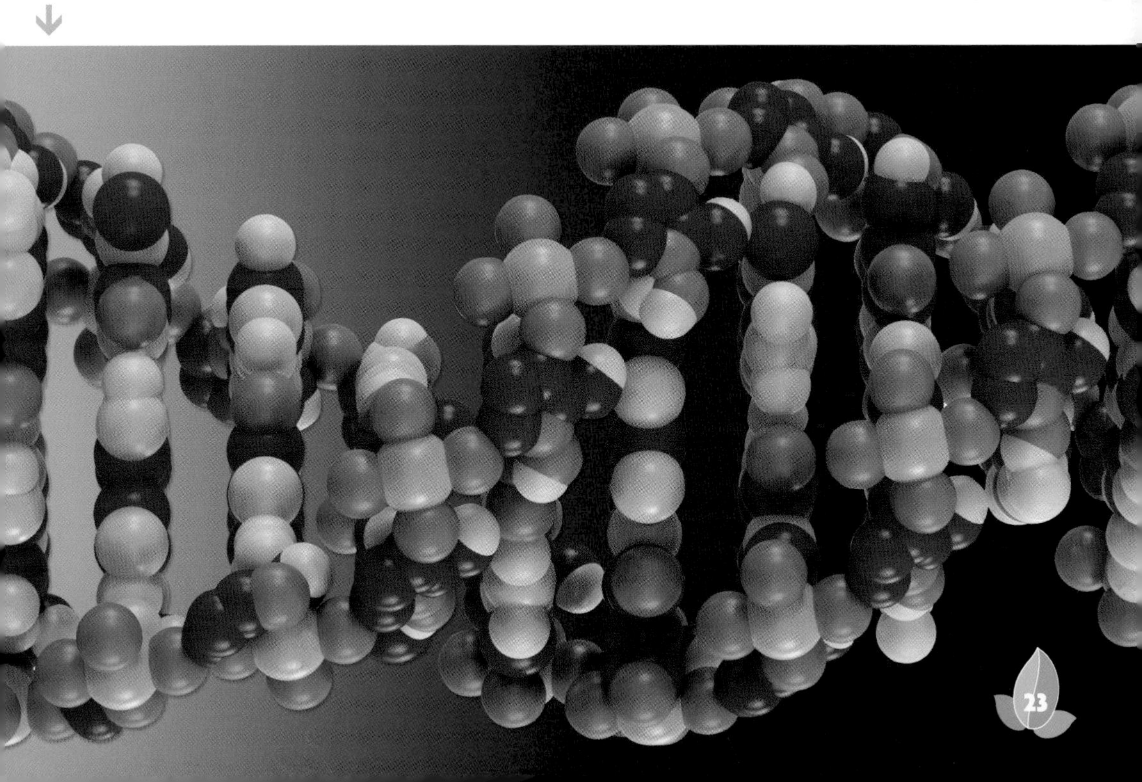

Lo que determina la individualidad de cada gen es la secuencia, u orden, de esas cuatro bases en las hebras de ADN. Para cada característica de una planta, como el color de las flores, el tamaño de las hojas y hasta la altura de la planta, hay un gen específico. Cada gen es como un mensaje en una clave secreta que le dice a la planta cómo debe crecer.

Por ejemplo, una sección de la hebra de ADN de una planta contiene el gen del color. Si las bases en esa sección están ordenadas A-G-A-C-C-C, la planta podría tener flores rojas. Si están ordenadas T-G-A-C-T-T, la planta podría tener flores blancas.

↑ **El ADN está compuesto de cuatro bases (A, T, C y G), representadas aquí con los colores amarillo, verde, rojo y anaranjado. Observa que la base A sólo se enlaza con T, y C sólo se enlaza con G.**

En 1994, unos científicos descubrieron ADN en los huesos de un dinosaurio encontrados en Utah.

La genética de las plantas en el futuro

Se ha recorrido un largo camino desde que Gregor Mendel hizo sus primeros experimentos con los guisantes de jardín. Hace poco tiempo, un equipo compuesto por científicos de todas partes del mundo logró hacer la lista completa de todos y cada uno de los genes de una planta, el berro de Thale. Pero aún no sabemos exactamente como funcionan los genes ni el ADN.

Por ejemplo, a una planta, sus genes pueden indicarle que produzca flores, pero sin la adecuada cantidad de sol la planta no lo hará. Los científicos aún no entienden completamente por qué. En otras palabras, aunque sus genes le indiquen a la planta que crezca, esas instrucciones no "se activarán" a menos que la planta esté en el ambiente apropiado.

Pérfil de una planta

NOMBRE COMÚN: Berro de Thale

NOMBRE CIENTÍFICO: *Arabidopsis thaliana*

PAÍS DE ORIGEN: Planta común en Europa, América del Norte y partes de Asia

DATOS DE INTERÉS: Es posible que esta planta parezca muy pequeña y poco atractiva, pero es muy importante. Es la primera planta de la que se han identificado todos los genes. Los científicos la escogieron porque es fácil de cultivar y produce muchas semillas.

Los científicos lograron hacer una lista de todos los genes presentes en el núcleo de esta planta.

Si los científicos fueran capaces de insertar uno de los genes de la luciérnaga en una planta, la planta brillaría en la oscuridad.

En el futuro, los científicos serán capaces de tomar genes específicos de una planta y ponerlos directamente en otra. Es posible que puedan tomar un gen de una planta que crezca en un clima frío y ponerlo en otra que viva en un clima cálido. De esta manera, las plantas que sólo crecen en lugares cálidos podrían desarrollarse casi en cualquier zona.

Por ejemplo, el gen que le permite a una planta sobrevivir en el frío podría ponerse en un naranjo, el cual normalmente necesita un clima cálido para dar naranjas. ¡Gracias a la genética los naranjos que hoy sólo crecen en California y en Florida podrían desarrollarse en el norte de Canadá!

¿Te imaginas cosechando naranjas en Canadá?

Es posible que los científicos también sean capaces de crear plantas nuevas, que nunca hayan existido antes. Por ejemplo, podrían tomar de una planta el gen que produce flores azules y ponerlo en las células de un rosal.

Los científicos incluso podrían poner genes de animales en las plantas. Si fueran capaces de insertar uno de los genes de la luciérnaga en una planta, la planta brillaría en la oscuridad. ¡Imagínate cómo luciría por la noche tu jardín o el parque donde juegas si los árboles brillaran en la oscuridad!

¡PIÉNSALO!

Piensa qué otra planta nueva podrían crear los científicos si tomaran un gen de otro ser vivo. ¿Qué planta elegirías? ¿Qué genes le añadirías? Escribe una descripción de tu nueva planta y qué característica especial tendría.

← ¿Te imaginas regalarle a alguien un ramo de rosas azules?

Algunas personas creen que los científicos no deberían mezclar los genes de diferentes plantas hasta comprender mejor la genética.

Los científicos también pueden hacer que la comida tenga mejor sabor o sea más sana. Por ejemplo, hay países donde la gente consume gran cantidad de arroz. El arroz es un buen alimento, pero no contiene vitamina A, la cual es necesaria para la salud de los ojos. Las zanahorias contienen mucha vitamina A, por eso los científicos han seleccionado algunos genes de las zanahorias y los han insertado en el arroz. Este nuevo tipo de arroz se llama arroz dorado y servirá para mejorar la alimentación de millones de personas que no consumen suficiente vitamina A en su dieta.

El "arroz dorado" se obtuvo al insertar genes de zanahoria en el arroz blanco.

Pero, hay personas que creen que los científicos no deberían mezclar los genes de diferentes plantas hasta comprender mejor la genética.

Por ejemplo, algunos científicos están estudiando cómo crear plantas que contengan un elemento químico que mate a los insectos. No sería necesario fumigar los cultivos con insecticidas venenosos para evitar que los insectos se los coman. Pero a algunos les preocupa que estas plantas maten todos los insectos, lo que arruinaría el equilibrio natural; o que las verduras y frutas que produzcan estas plantas sean tóxicas para los humanos.

A otros también les preocupa que, accidentalmente, se creen algunas super plantas que se transformen en malas hierbas. Y esas super malas hierbas podrían invadir los campos de cultivo y los jardines.

Unas plantas carnívoras devoradoras de gente fueron las estrellas de un espectáculo de Broadway titulado La tiendita del horror. →

Esta científica observa con un microscopio muestras de plantas de cereal.

PREGUNTA:
¿De qué manera piensas que se aplicará la genética de las plantas en el futuro?

Los científicos que se dedican a estudiar la genética de las plantas continúan buscando nueva información. Ya han logrado explicar el origen de la agricultura. Nos han mostrado cómo crecen las plantas y por qué unas son diferentes de otras. Incluso, han experimentado cómo crear alimentos más sabrosos y nutritivos. La próxima vez que veas una planta, piensa en cómo la genética nos ha ayudado a revelar muchos de los misterios ocultos en sus células.

Glosario

ADN	compuestos químicos que forman los genes
agricultura	el proceso de cultivar y cosechar plantas para obtener alimentos
antepasado	planta de la antigüedad de la cual provienen otras plantas del presente
células	unidades microscópicas de estructura y función que forman los tejidos de todos los seres vivos
cruzar	tomar polen de una planta y ponerlo en la otra para producir semillas con las características de ambas plantas
dominante	más fuerte; en genes, lo opuesto a recesivo
estambre	parte de la flor que produce el polen
estigma	parte verdosa y pegajosa de la flor, que atrapa el polen
genes	conjuntos de instrucciones presentes en el núcleo de las células, que determinan cómo será una planta o un animal
genética	ciencia que estudia los genes
híbrido	planta que se obtiene como resultado de cruzar un tipo de planta con otra diferente
moléculas	partículas pequeñas, casi invisibles, que forman los compuestos químicos; por ejemplo, moléculas de azúcar o moléculas de ADN
núcleo	el centro de control dentro de cada célula de una planta, donde están los genes
ovario	parte de la flor que produce las semillas
polen	células de polvo amarillo que se produce en el estambre de una flor
recesivo	más débil; en genética, lo opuesto a dominante

Índice